Art Nail Gallery

아트네일 갤러리

A r t N a i l G a l l e r y

임수은 SOO EUN LIM, PH.D.

現 계명문화대학교 기업브랜드학부 학부장 겸 네일아트디자인과 학과장
계명대학교 일반대학원 뷰티비즈니스 박사 졸업
동덕여자대학교 패션전문대학원 석사 졸업
기능경기대회 심사위원
대구 뷰티엑스포 심사위원장
前 '秀 디자인연구소' 소장

진송희 JIN SONG HEE

숙명여자대학교 회화과(서양화전공)
독일 헤센주 주립미술대학 'HfG Offenbach am Main' 시각디자인 석사
성균관대학교 공연예술협동과정 박사 수료
독일 마인쯔 국립극장 무대 · 의상 · 분장 디자이너
前 클라인페스티벌 대표
前 스타뷰미용학원 원장
現 디자인 네모 대표
現 계명문화대학 겸임교수
강의. 단국대학교, 계명문화대학교, 동덕여자대학교, 백제예술대학교, 한남대학교, 중부대학교

아트네일 갤러리

Art Nail Gallery

초판 인쇄 2021년 8월 2일
초판 발행 2021년 8월 10일

지은이 임수은 · 진송희
발행인 조규백

발행처 도서출판 구민사
주소 (07293) 서울특별시 영등포구 문래북로 116, 604호(문래동3가 46, 트리플렉스)
전화 (02)701-7421
팩스 (02)3273-9642
홈페이지 www.kuhminsa.co.kr

신고번호 제 2012-000055호(1980년 2월 4일)
ISBN 979-11-5813-931-5 (93590)

정가 22,000원

아트네일 갤러리

임수은 · 진송희

구민사

머리말 preface

미래산업을 선도하는 뷰티산업의 성장으로 전국의 대학에서 미용분야의 학과 개설 및 연구가 진행되어간 것도 꽤나 오래 되었다. 이러한 흐름에 맞춰 저자는 2015년 전국 유일의 네일아트전공 독립학과를 개설하여 네일미용의 교육과정개발과 학문 영역으로서의 발전 가능성을 연구해왔으며, 네일아트를 기술적인 케어의 영역에서 끌어올려 뷰티 디자인 또는 창의적인 응용예술로 발전시키려 많은 노력을 해왔다.

이는 네일아트를 케어 기술뿐만 아니라 아트 영역으로 확장시켜 아름다움(美)을 가꾸고 오랫동안 간직할 수 있는 예술의 경지로 끌어올릴 수 있는 분야로 만들기 위함이다.

네일아트라는 독립적인 장르 만으로 뷰티디자인에 해당하는 작품을 연구하고, 학생들의 졸업작품 지도를 해오면서 많은 시행착오와 독립적인 뷰티아트로서의 가능성에 대한 질문과 회의를 스스로에게 던져가며 학생들과 함께하고 노력하고 이끌어 왔던 수년의 결과물이 이 책에 담겨있다. 따라서 저자는 뷰티 분야의 교육과 연구의 결실이라고 할 만한 결과물을 독자들에게 보여주게 되어서 한없이 기쁜 마음이다.

항상 아낌없는 응원을 해주는 나의 가족들과 세상에서 하나뿐인 소중한 아들 신정호에게도 엄마의 연구와 삶의 흔적을 알리게 되어 기쁘게 생각하며, 이 책이 나오기까지 동반자로서 함께 고민해 주신 진송희 교수님의 노고에도 깊은 감사의 인사를 드린다.

이 책은 네일아트를 예술작품의 장르로서 취급하여 연구하는 학생들과 연구자들에게 하나의 방법론적 제시라고 할 수 있으며, 새로운 예술로서의 네일아트 작품 연구의 초석으로 기능하기를 바라는 마음에서 출간되었으며, 따라서 이 책을 구독하는 독자 역시 더욱더 새롭고 창의적인 예술작품의 영감을 이 책을 통해 얻기를 바라는 마음이다. 저자 역시 지속적으로 새롭고 창의적이며 독창적인 작품 연구를 학생들과 함께 계속해 나갈 것이고, 그 결과물로 다시 독자들을 만나게 되기를 바라는 마음이다.

목차 contents

4. 아트네일 디자인

5. 아트네일 갤러리

서론 introdution

아마도 이 책의 제목을 보고 많은 사람들이 고개를 갸우뚱하지 않을까 싶다. '아트네일?', '네일아트를 잘못 썼나?' 싶을 것이다. 우리가 일반적으로 알고 있는 네일아트(nail art)는 네일케어(nail care)에서 발전한 미용의 한 분야로서, 아름다운 자아표현을 위한 실용적인 기술분야로 여겨져 왔다. 그러나 점차 네일아트를 통한 여러 가지 작품의 연구와 소재의 개발이 이루어지고 미용분야가 학문의 영역인 대학이라는 제도권에서 연구되면서 네일아트에 대한 시각도 조정되어야 할 필요가 있는 것으로 여겨진다. 그것은 네일아트를 케어의 분야로 보는 것이 아니라 디자인 또는 응용예술의 한 분야로 다루는 것이다.

응용예술의 한 분야로서의 네일아트를 예술작품의 대상으로 바라보는 데에는 여러 이견이 있을 수 있다. 그러나 실제 네일숍에서도 여러 가지 창의적인 네일 디자인이 개발되어 시술되고 있으며, 학원이나 대학 등의 교육현장에서는 네일아트를 뷰티아트(beauty art)의 일종으로 다루어 창의적 표현기법을 연구하고 있다. 또한 대학원의 뷰티디자인 학문에서는 네일아트를 예술작품으로 다루는 연구들이 계속되고 있으며, 이러한 경향은 앞으로 점차 강화될 것이라고 보인다.

타 장르의 예를 들자면, 예술의 역사에서 회화라는 장르는 자연이나 인물을 기록하는 기술적 도구로 기능하여, 실제로 가보지 못하는 나라의 풍경을 전달하거나 인물의 모습을 기억할 수 있도록 하는 실용적인 예술이었다. 그러나, '현상의 사실적인 기록과 보존'이라는 회화의 실용적인 기능은 사진술의 개발로 그 가치를 상실하고, 점차 형태와 색채 등이 기존의 사실주의를 탈피하고 새롭게 예술성을 추구하여 자신의 독자적인 영역을 구축해온 역사가 있다. 회화는 예술성의 탐구를 통해서 전위적이며 실험적인 창의성의 행보를 더해갔고 예술성의 추구에 있어서 첨단의 전사로서 다양한 예술장르와 그를 넘어서 문화전반에 새로운 흐름을 자극하는 역할을 획득하였다. 네일아트의 역사는 회화에 비해 그리 길지 않으나 아름다움을 추구한다는 면에서 다양한 가능성을 가진 영역이며, 네일아트 역시 예술성의 추구라는 태동이 현장에서 실제로 모색되고 있는 시점이다.

이 책에서는 예술작품으로서의 네일아트를 '아트네일'이라고 개념화하여, 실제 실용적인 목적이 아닌 전시회, 아트쇼, 작품사진 및 출판 등의 전시(display), 발표(presentation), 출간(publishing)을 목적으로 하는 네일 테크닉 기반에 예술적 창의성을 더한 뷰티아트 장르로 소개하고자 한다. 따라서 네일아트의 기본적 테크닉을 소개하고, 여기에 아트네일 응용에 이론적 기반을 세우기 위한 색채배색의 이론 및 아트네일에 활용될 수 있는 다양한 재료와 소재도 소개하고 있다. 또한 무엇보다 중요한 것은 예술로서의 네일작품 창작을 위한 과정으로 아트네일 콘셉트수립 및 아이디어 스케치, 작품제작, 그리고 작품의 프레젠테이션 기법을 소개한다.

아트네일의 영역은 네일아트의 다양한 활용기법을 개발하기 위한 예술적 빅데이터라고 할 수 있으며. 타 예술장르와의 장르간 상호작업의 가능성을 열어갈 수 있는 기반으로, 이를 통해 뷰티아트의 위상을 더욱 끌어올릴 수 있는 계기가 될 것이다. 정의하자면 아트네일은 네일아트 기법을 응용하거나 이를 기반으로 하여, 자연네일바디 또는 유사네일바디에 예술성의 추구및 창의성의 발현을 목적으로 하여 창작된 작품을 의미하며, 전시·발표·출간을 목적으로 네일아트 작품을 디자인 및 제작하는 과정을 말한다.

Art Nail

Gallery

Chapter 01

아트네일 재료와 소재

(materials for the art-nail)

예술작품으로서의 네일 디자인을 위한 재료는 매우 창의적이다. 기존의 네일케어 및 네일아트의 기본 기법에서 사용되는 네일 재료와 도구를 활용하면서도, 아트네일의 창작을 위해 필요하다면 다양한 재료와 도구들을 실험해 볼 수 있다. 따라서 아트네일의 재료와 소재는 미술분야와도 호환되는 것이 많으며, 현대미술분야의 소재가 무한의 영역까지 다다른 점을 감안한다면, 작가의 창의성에 따라 아트네일의 재료와 소재는 매우 광범위하게 여겨진다. 그러나 중요한 것은 미술작품과 달리 인체시술이나 착용의 의도를 기본적으로 가정하므로, 사용되는 재료와 도구는 위생, 안전, 안정성, 내구성 등이 확보되어야 한다는 것이다. 실험적인 재료를 사용하는 경우 본인이 선택한 재료의 특성을 잘 파악해야 하며, 일반적으로 네일아트에서 사용되는 기본 재료와 서로 어울리는 화학적 특성 등도 파악해야 한다.

기존 네일아트 유통시장에서 다루어지는 기성재료는 하늘의 별처럼 수없이 많으며, 아트네일 개념의 발달로 끊임없이 새로운 소재가 상품으로 개발되어 나오고 있다. 이 책에서는 네일아트에서 활용되는 기성재료를 일부 소개하고, 저자의 수업에서 시도해 본 여러 다양한 자연물이나 생활에서 발견할 수 있는 재료를 활용한 학생들의 창의적 작품을 소개하고자 한다.

1. 기성제품 소재의 소개
(ready made materials)

◆ 기성제품 소재의 예

글리터1	글리터2

금사(와이어)	금은철사

드라이플라워	라인스톤몰드

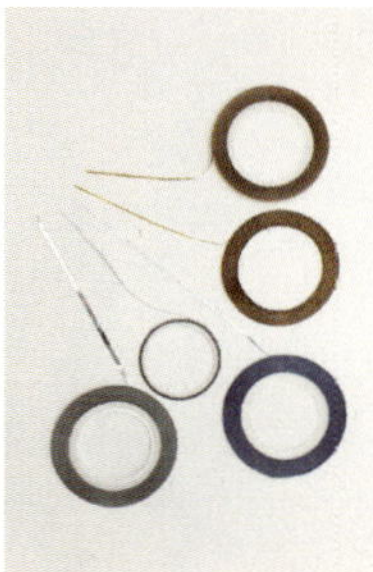

라인테이프

비즈

진주

파츠

프린트 고무조각

형광펄

◆ 기성제품 소재를 활용한 디자인

글리터5	라인스톤
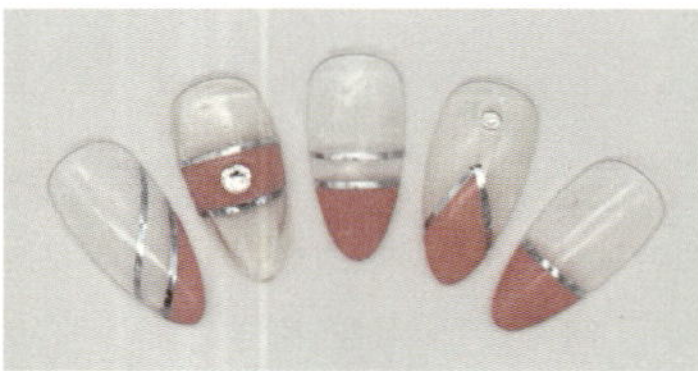	
라인테이프1	라인테이프4

라인테이프와 스톤1	라인테이프와 스톤2

라인테이프와 스톤3	몰드1

몰드2	몰드3
	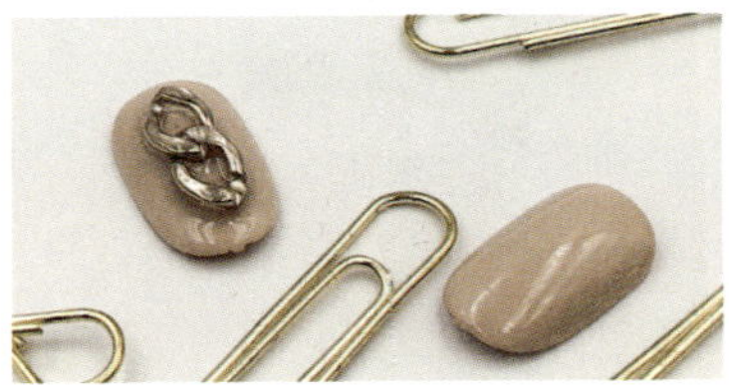
몰드4	체인파츠

2. 실험적이고 자유로운 소재를 활용한 디자인
(experimentative materials)

◆ 실험적이고 자유로운 소재의 예

계란껍질

곡물

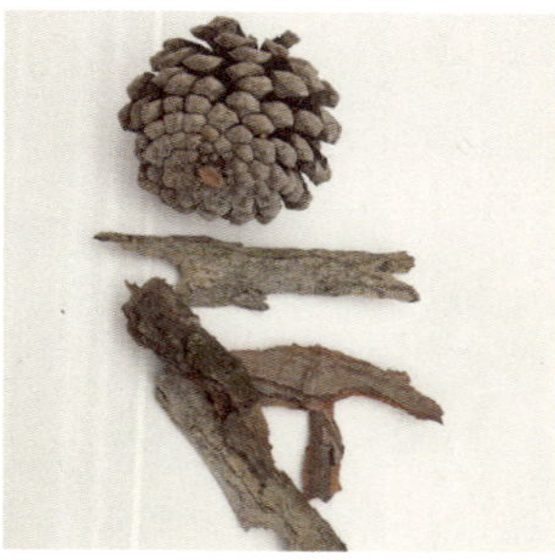

나무껍질 및 씨앗

나뭇잎

단추 또는 다양한 비즈

부직포스트랩

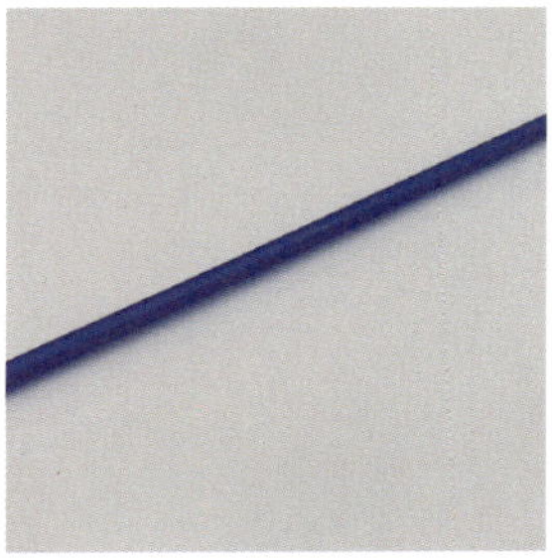

빨대

색모래

꽃잎

솜

신문지

은박지

이쑤시개

조개껍질과 조약돌

커피콩

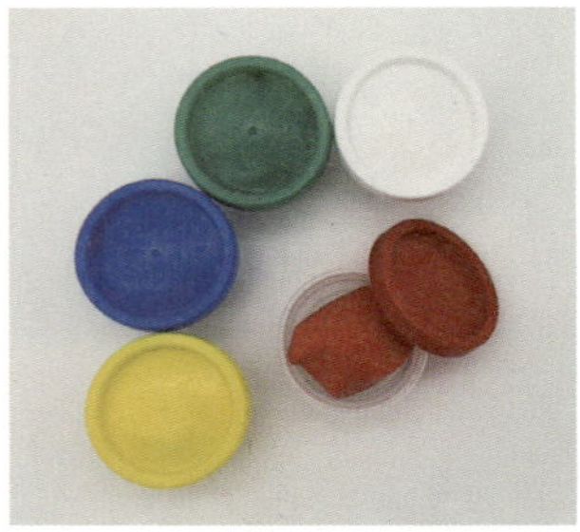

클레이

해면

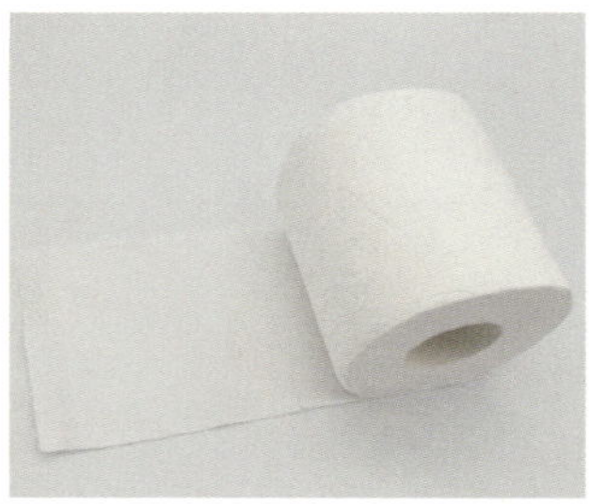

휴지

◆ 실험적이고 자유로운 소재를 이용한 디자인

계란껍질

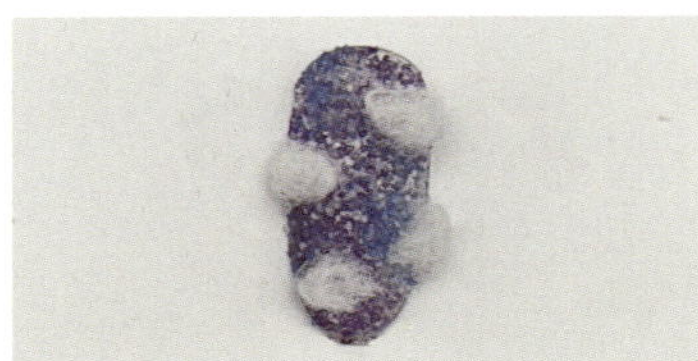

솜

색모래

나무껍질

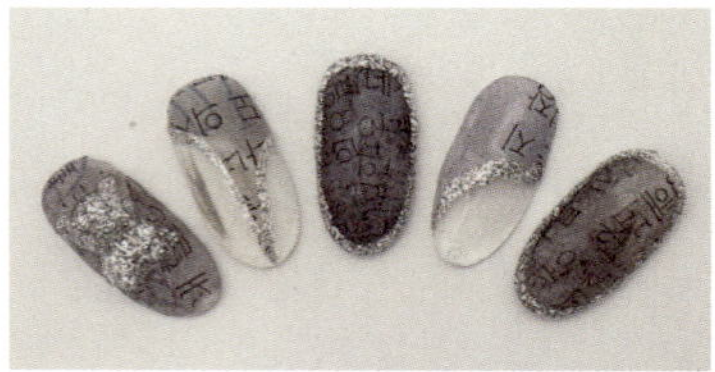

신문지

단추

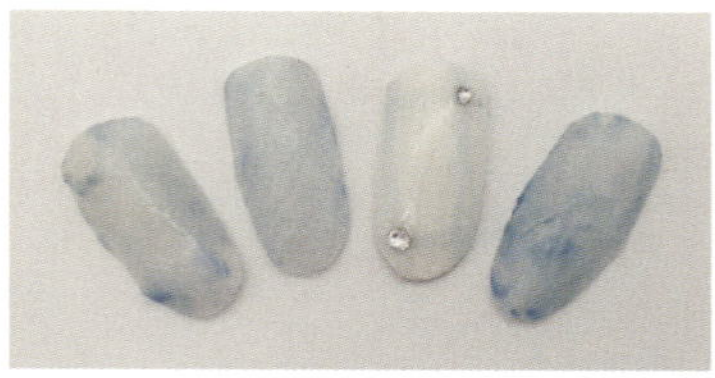

휴지

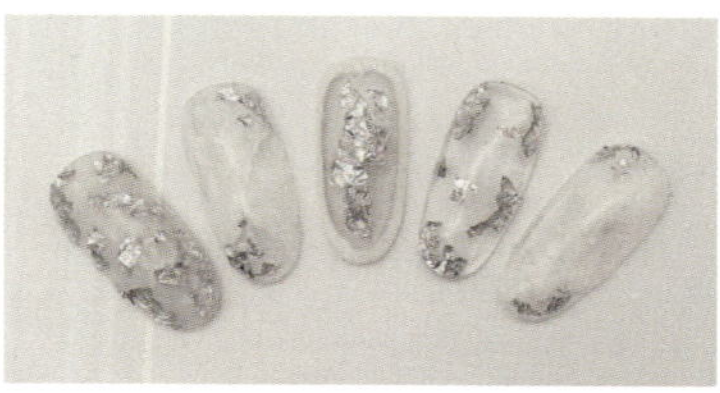

은박지

은박지

해면	이쑤시게

꽃잎 나무잎1	꽃잎 나무잎2

꽃잎 나무잎3	조개와 조약돌

빨대	클레이1

클레이2	클레이3

Art Nail

Gallery

Chapter 02

아트네일 배색

(combination of art-nail colors)

아트네일 디자인을 위한 콘셉트을 수립하는 데에 있어서 중요한 것은 전체적인 색채계획을 잡는 것이다. 적절한 색채계획은 네일 작품 전체에 통일감을 주기도 하고, 때로는 강렬한 대조감이나 적절한 변화를 만들어 내어 리듬감을 느끼게 할 수 있다. 따라서 네일 색채계획을 위해서는 색채배색의 여러 요소들과 색채 배색 방법 및 원리를 아는 것이 중요하다. 물론 이와 같은 것은 다년간의 네일디자인 작업을 통해 습득되기도 하지만 색채학의 기본원리와 배색방법 및 그러한 배색효과의 기초이론을 알고 있다면 더욱 빠르고 효과적이며 아름다운 아트네일 작품을 창작하는 데에 도움이 될 것이다.

1. 색의 배색요소

배색에 있어서 면적, 형태, 강약, 색조 등은 항상 같은 비율로 적용되지는 않는다. 자연계에서 색채들이 서로 어우러져 있듯이, 여러 가지 요소가 다양하게 섞여있으면서도 조화를 이루는 배색을 하기 위해서는 전체 흐름을 어떻게 가져갈 것인지, 어떤 색채를 주연과 조연으로 세워 이끌어 갈 것이며, 어디에 클라이맥스를 두어서 감동을 줄 것인지 등의 계획이 있어야 할 것이다. 이러한 요소를 주조색, 기준색, 보조색, 강조색이라고 하며 이는 색채배색계획 전체에 리듬이 생기도록 하는 요소이다.

1) 기준색(theme color/base color)

배색에서 상징적인 기준이 되는 색으로, '도시의 밤'이라는 콘셉트을 표현한다고 할 때, 빨강, 파랑, 노랑, 회색, 보라, 남색 등 다양한 색이 존재할 수 있지만 그 중 중심이 되는 색으로 파랑을 결정하는 경우 파랑이 배색의 기준색이 되는 것이다. 이는 면적을 중심으로 생각하는 주조색과는 비슷하면서도 조금 다른 개념으로 특정 색을 포인트로 사용하는 경우에도 기준색이 될 수 있다.

2) 주조색(dominant color)

'주조(主調)'라는 것은 하나의 악곡의 전체를 이끌어가는 중심이 되는 가락을 의미하는 개념이다. 색채에 있어서 주조색은 음악을 이끌어 가듯이 지배적으로 이미지를 이끌어 전체 배색에 통일감을 주어 기본이 되는 색상을 말한다. 주조색은 기준색과 달리 색채의 지배면적의 개념이어서, 이미지상에서 약 60~70% 면적을 차지하는 가장 넓은 부분의 색을 의미한다.

3) 보조색(assort color)

주조색을 도와서 배색목적을 달성하도록 보조하는 역할을 하는 색으로, 한 가지가 아니라 여러 색인 경우도 있을 수 있다. 주조색과 색상 또는 톤의 차를 적게 하는 것이 통일감을 주는 배색이 될 수 있다. 배색이미지상에서 전체 면적의 20~30%를 차지하는 색상이다.

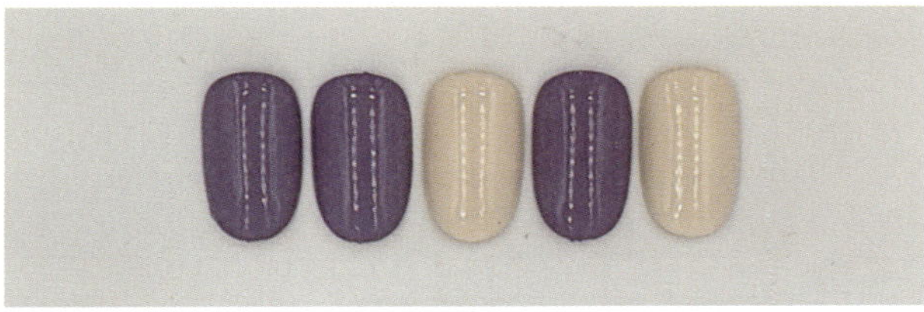

4) 강조색(accent color)

계획한 이미지에 포인트를 주어서 생동감을 주기 위해 사용하는 색이다. 강조색은 이미지 면적에 5~10% 내로 사용하며, 이를 넘어서는 경우 전체 분위기의 흐름에 방해가 될 수도 있다.

2. 배색기법

1) 강조(accent)효과 배색

배색이 비교적 단조로운 느낌이 들 때 강조색을 투입하여 전체 배색이 돋보이도록 하는 배색을 말한다. 여기서 강조색은 주조색이나 보조색의 기조를 방해하지 않도록 전체 배색 면적의 5~10% 이상을 차지하지 않도록 한다. 강조 색상은 주조색과 대조적인 색상이나 톤을 사용하는 것이 주목성을 갖게 되어 배색에 효과를 더하게 된다. 강조효과 배색은 때로는 강조하는 부분을 더욱 강조하여 시선을 끌기 위해서 쓰이기도 한다.

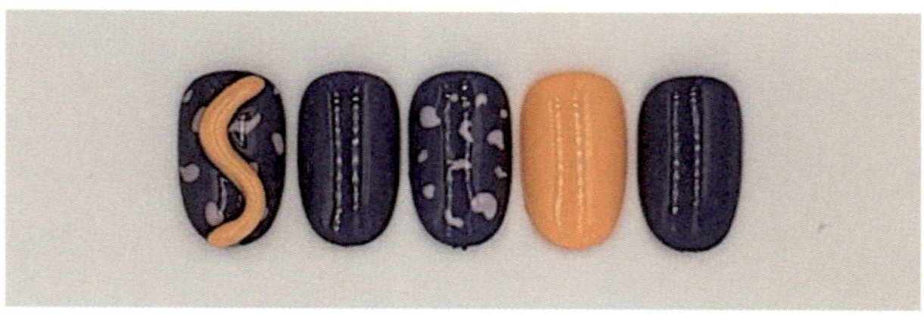

2) 분리(separation)효과 배색

두 가지 이상의 색상들에서 색과 색의 관계를 변화시키기 위해 다른 색을 개입시키는 배색 방식이다. 여기서 분리색도 강조색과 마찬가지로 면적비율이 기조색보다 작아야 한다. 분리색은 대부분 색과 색의 관계가 불분명하여 분리색의 개입으로 뚜렷한 차이를 느끼게 할 필요가 있거나, 또는 대비가 너무 강해 분리색을 개입시켜 직접대비를 피해 조화를 이뤄야 할 경우에도 쓰이는 배색기법이다. 채도가 강한 색으로 스스로를 드러내려 하는 강조색과 달리, 분리색은 무채색이나 저채도의 색상을 사용하여 주조색의 흐름에 방해되지 않도록 한다.

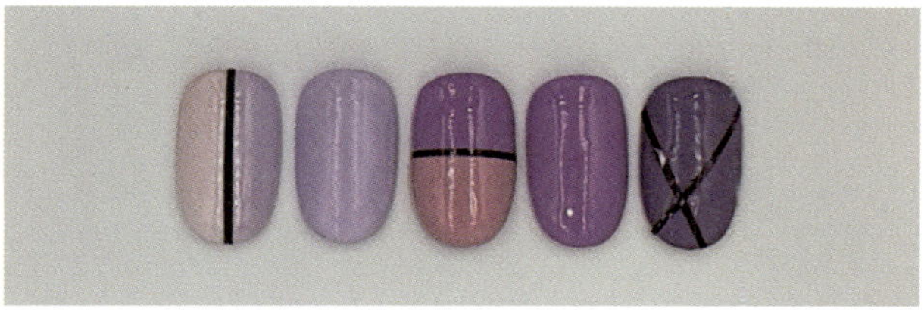

3) 연속(gradation)효과 배색

그러데이션(gradation)이란 서서히 변화하는 것, 단계적인 변화, 점진적으로 변화하는 것을 의미하는데, 여기서 연속변화란 색상, 명도, 채도, 톤의 변화 도두에서 가능하다. 연속변화는 점차 점증되어가는 질서를 한 방향으로 가지고 가는 움직임과 리듬감을 주는 균형 배색방법이다. 그러데이션은 최소 3색 이상의 여러 색상으로 배색해야 그 방향성과 움직임이 분명하게 느껴질 수 있다.

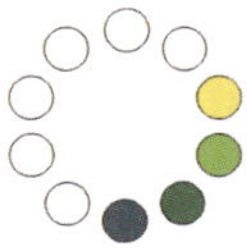

색상 그러데이션 : Y – GY – G – BG – B(vv)

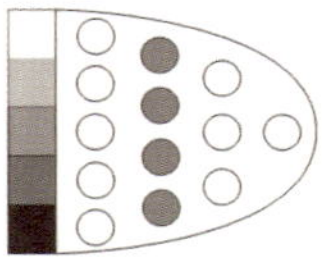

명도 그러데이션 : (GY) pl – sf – dl – dk

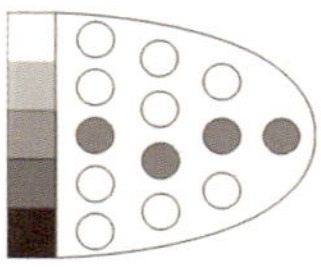

채도 그러데이션 : (GY) gy – dl – ◎ – vv

4) 반복(repetition)효과 배색

레피티션(repetition)은 '반복하다, 되풀이하다'라는 의미로 두 가지 이상의 색을 하나의 방식으로 배색한 단위(unit)를 만들어 이를 특정 형식으로 계속 반복하여 통일감과 융화감을 얻는 배색방법이다. 색상, 명도, 채도, 색조 등의 차이가 큰 반복배색은 경쾌한 이미지를 주고, 3속성 차이가 적은 배색은 조화와 변화 모두를 가져올 수 있다. 배색 단위의 반복으로 리듬감을 느낄 수 있으면서도 질서 있는 분위기를 연출한다.

5) 대조(contrast)효과 배색

색채에서 대조의 의미는 여러 가지이다. 색상에서 보자면, 보색, 준보색, 반대색 배색이 대조효과 배색이다. 명도에서는 '고명도·저명도', 채도에서는 '고채도·저채도'의 조합의 배색이 대조효과 배색이 된다. 톤에서도 대조효과 배색이 가능한데, 'pale·dark'처럼 명도방향 대조나 'vivid·grayish'처럼 채도방향 대조, 그 외에 'vivid·whitish', 'pale·deep', 'light·dark' 등의 조합으로 대조할 수 있다.

색상 콘트라스트 : 보색 R – BG(sf) / 준보색 R – B(v v)

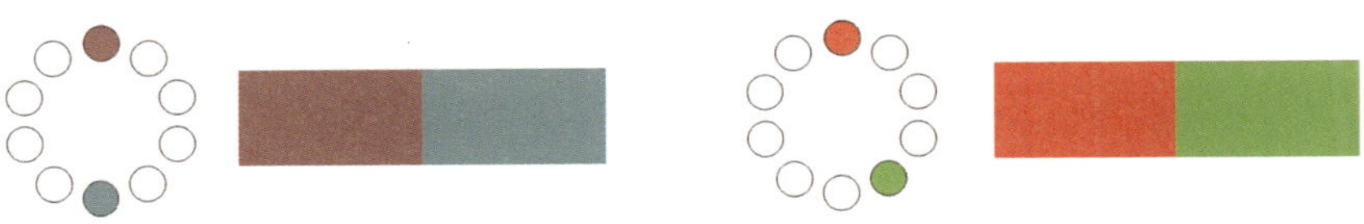

명도 콘트라스트 : (GY) wh – bk / pl – dk

채도 콘트라스트 : (GY) gy – v v / bk – ◎

색조 콘트라스트 : (GY) wh – dp / lt – bk

3. 색조 배색

1) 카마이외(camaieu) 배색

동일색상으로 색조에 변화를 주는 배색을 말한다. 카마이외(camaieu)란 프랑스어로 '단색화'를 의미하는 것으로 톤 온 톤 배색 중에서 색상 차이나, 톤의 차이가 거의 나지 않는 배색을 말하는데, 주로 명도 차를 주어 배색한다. 서로 다른 소재가 주는 차이에 따른 배색을 의미하기도 한다.

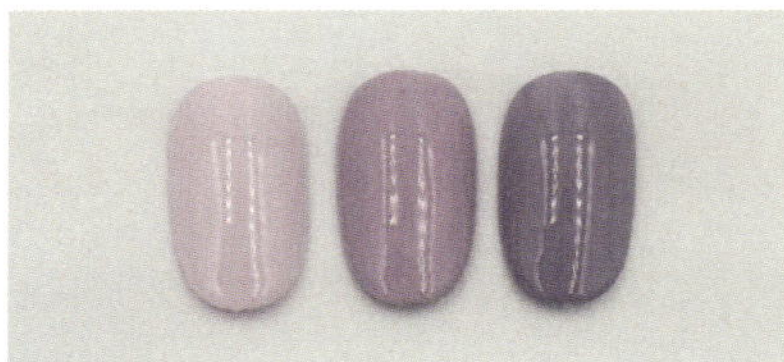

2) 포 카마이외(faux camaieu) 배색

포 카마이외에서 'faux'는 '잘못된, 틀린'이라는 뜻의 프랑스어로, 카마이외 배색이 동일색상의 배색인 것에 비해, 색상과 톤의 차이가 조금 더 변화가 있는 배색을 말한다. 카마이외 배색이 유사색상에서 적은 명도 차에 의한 동일색상 배색이라면, 포 카마이외 배색은 주로 채도 차에 의한 2색 배색으로, 톤 인 톤 배색 중에서 채도 차를 약간 주는 배색이다.

3) 비콜로(bicolore) 배색

비콜로 배색의 'bicolore'는 프랑스어로 국기 등과 같은 배색에서 볼 수 있는 두 가지 색을 사용한 대조가 강한 배색 방법을 말하는 패션용어이며, 영어로 2색 배색은 'bicolor'배색이며, 영어로도 같다. 비콜로 배색은 주로 vivid나 strong 톤의 색상 중의 한 색상과 흰색을 조화하는 2색 배색의 한 종류로, 빨강과 하양, 갈색과 하양, 파랑과 하양 등에서처럼 분명한 대비 효과를 느낄 수 있다.

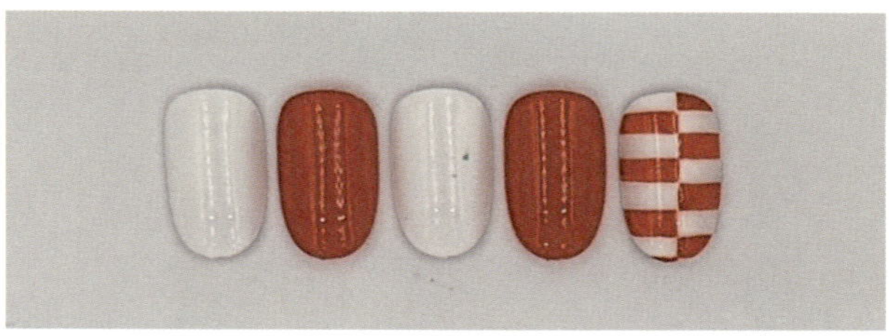

4) 트리콜로(tricolore) 배색

프랑스어로 'tricolore'는 3색이라는 의미로 '빨강·하양·파랑'의 프랑스 국기를 의미하기도 한다. 3색 균형배색과 같은 의미이지만, 특히 강렬한 순색 중심의 배색을 말하며, 흰색이 들어가는 것이 특징이다.

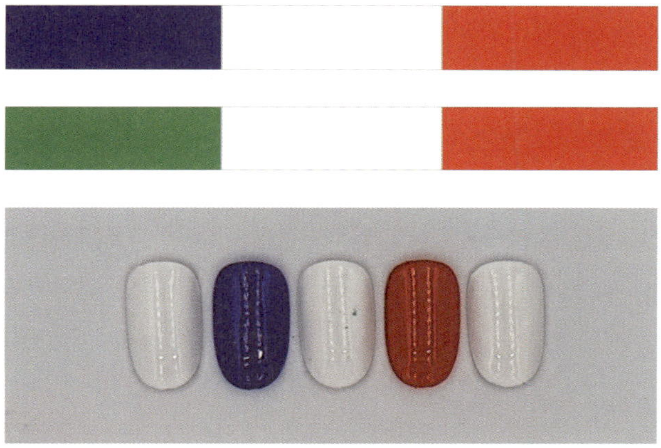

5) 톤 온 톤(tone on tone) 배색

'톤 온 톤'은 톤 위에 톤을 겹친다는 의미로 동일 색상에서 서로 다른 명도나 색조 차이를 통해 배색하는 방법을 말한다. 세가지 색 이상의 유사색을 사용한 동일 계열 내의 배색도 톤 온 톤 배색의 범위에 들어간다. 전체적으로 차분하고 색상이 같은 계열의 배색이다 보니 안정감을 갖게 한다.

6) 톤 인 톤(tone in tone) 배색

여러 색상을 비슷한 톤의 조합으로 배색하는 것으로, 동일 색조나 명암단계에서 서로 다른 컬러 차이로 배색하는 방법을 말한다. 보통은 동일·유사·인접색상 범위에서 배색하지만, 색상을 보다 자유롭게 선택하여 배색하는 경우도 톤 인 톤 배색의 범주에 넣을 수 있다.

7) 토널(tonal) 배색

본래 프랑스어로 '성조의, 음조의'를 뜻하는 'tonal'은 tone의 형용사형으로 색채학에서는 '색조의, 색조에 의한'이라고 해석할 수 있겠다. 단어가 의미하듯이 색조가 중심이 되는 배색으로, 특히 중명도나 중채도의 색조 중심의 톤 인 톤 배색이라고 할 수 있다. 주로 light grayish·soft·dull 등의 톤에서 동일·유사·인접색상의 범위에서 배색하여, 색채 변화보다는 전체의 색조 분위기가 차분한 통일감을 주게 하는 배색이다.

8) 콤플렉스(complex) 배색

복잡하다는 의미를 갖는 콤플렉스 배색은, 루드의 자연조화(natural harmony)와 콤플렉스 조화(complex harmony)개념에서 나온 배색으로 순색이 갖는 고유의 명도를 그대로 활용하는 것이 아니라 반대로 활용하여 불안정하고 복잡한 배색의 이미지를 연출하는 것을 말한다. 노랑 등의 고명도의 색은 더 어둡게, 남색이나 보라 등의 저명도의 색은 밝게 표현하여 안정감을 깨뜨린다.

4. 패션트랜드 배색

패션트랜드에 따른 색조 배색은 시대에 따른 패션의 변화와 관련된 배색으로, 패션트랜드에 따른 시대를 대표하고 상징하는 기능을 한다. 여기 소개되는 배색은 종류에 따라서 어느 정도 객관적인 색조 배색 방향을 제시할 수는 있으나, 해당 트랜드에 대한 주관적 견해나 해석이 있을 수 있는 분야이다. 따라서 색조 배색의 큰 방향을 이해한 후 개인적 해석에 맞게 색상에 대한 계획을 다시 잡아 보는 것도 좋을 것이다.

1) 클래식(classic)

클래식은 '고전적' 또는 '전통적'을 의미하는 말로, deep·dark·dull·grayish 정도의 톤에서 노랑·청록·자주·갈색의 색상을 톤에 따라 조정한 색채로 배색한다. 베이지, 머스터드, 다크 그린, 다크 브라운, 와인, 네이비, 골드 정도의 색으로 구성되어 전체적으로 따뜻하고 깊은 느낌을 주면서도 격조가 있는 배색이다. 배색이미지 언어는 중후한, 전통적, 고전적, 보수적, 공들인 등이다.

2) 아방가르드(avantgarde)

아방가르드는 '전위적'이라는 의미로 1차 세계대전 이후 예술계에서 일어난 비이성주의 예술혁신운동을 말한다. 패션에서는 진취적으로 앞서 나간다는 의미로 실험적이고 독창적인 배색을 주로 한다. 전체적으로 균형 배색보다는 '균형의 파괴'쪽에 가깝다. 톤은 주로 vivid·strong·dull·deep 정도의 톤에서 다양한 색상을 사용하나, 규칙은 없으며, 배색이미지 언어는 전위적, 신선한, 충격적 등이다.

3) 모던(modern)

모던은 '근대적' 또는 '현대적'이라는 의미로 클래식보다는 절제된 미니멀리즘을 추구하는 스타일이다. 전체적으로 deep·dark·dark grayish 톤을 light grayish·grayish 정도의 톤과 배색하며, 색상은 남색·청록·보라·회색의 색상을 톤에 따라 조정한 색채로 배색한다. 주로 차가운 색상이 주를 이루고, 상징적인 색상은 회색으로 은색의 펄감이나 메탈릭한 색상과 소재가 사용된다. 배색이미지 언어는 이지적, 현대적, 날카로운, 기계적인, 냉정한, 도시적인 등이다.

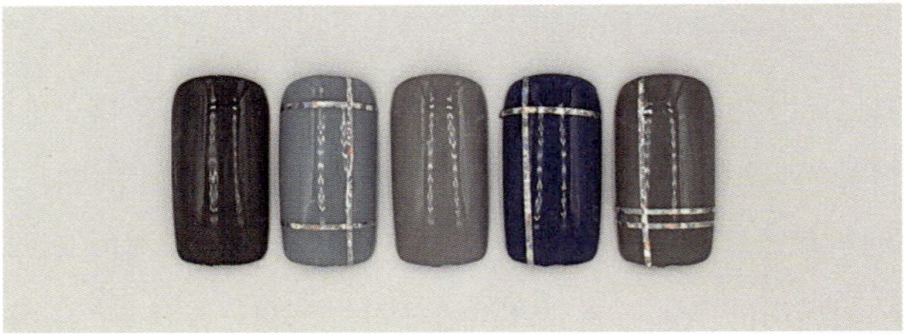

4) 내추럴(natural)

내추럴은 '자연의'라는 뜻이지만 '자연스러운'의 의미에 가깝게 해석된다. 즉 인위적인 것은 배제하고 자연에서 관찰되는 색채를 중심으로 부드럽고 비교적 따뜻한 느낌을 주는 색상을 중심으로 배색하게 된다. 색조는 light grayish·dull 정도의 톤에서 노랑·주황·연두·초록·갈색의 색상을 톤 차이가 크지 않게 배색한다. 베이지, 연두, 올리브그린, 초록, 브라운 정도의 색으로 구성되어 전체적으로 따뜻하고 편안한 느낌이다. 배색이미지 언어는 느긋한, 건강한, 부드러운, 친숙한, 평화로운, 편안한 등이다.

5) 엘레강스(elegance)

엘레강스는 '우아함', '고상함'의 의미이며 유럽중심의 고전적 이미지를 연상시킨다. 기품있는 질서와 꾸밈없는 단아함으로 성숙한 여성의 이미지를 표현하는 것으로, light grayish ·grayish·dull·soft의 중간 색조로 배색한다. 엘레강스 배색이미지는 특히 성숙한 성인의 여성성을 드러내는 것으로 분홍·보라·자주의 색상을 중심으로 톤 변화가 크지 않게 배색한 인디언 핑크, 라일락, 자주색, 와인, 보라 등의 색이 주를 이룬다. 배색이미지 언어는 우아한, 옷 잘 입는, 고상한, 정숙한, 품위 있는, 그윽한 등이다.

6) 프리티 로맨틱(pretty & romantic)

엘레강스가 성숙한 여성이미지를 표현한다면 프리티 로맨틱은 귀엽고 사랑스러운 어린 여성의 이미지를 표현하는 것으로 꿈을 꾸는 듯이 달콤하고 풍부한 이미지이다. 주로 고명도의 색조인 pale·light·soft 정도의 톤으로 다양한 색상의 파스텔 색이 주를 이루게 된다. 주된 색상이미지는 핑크로 순수하고 깨끗한 이미지로 배색하고 노랑·주황, 연두 계열의 색으로 귀여운 이미지를 줄 수 있다. 벚꽃색, 베이비 핑크, 산호색, 분홍, 라일락, 개나리색, 살구색 등의 색이 이러한 이미지이다. 배색이미지 언어는 귀여운, 달콤한, 사랑스런, 천진난만한, 앳띤 등이다.

7) 고저스(gorgeous)

고저스는 '멋진', '화려한'의 뜻을 가지고 있는데, 고급스럽고 호화로우며 사치스러운 이미지 연출을 말한다. 엘레강스가 여성의 절제된 성숙함을 드러낸다면, 고저스는 밖으로 분출되는 매력적인 여성성을 표현한다고 할 수 있다. 주로 dull·deep·dark 톤에서 빨강·청록·자주·보라의 색상을 사용하여 원숙한 느낌을 준다. 카멜, 빨강, 루비색, 와인, 코코아색, 딥퍼플, 자주, 금색 등의 색으로 구성하며, 의상, 네일, 메이크업에서 펄이나 큐빅 등의 조합으로 화려함을 극대화한다. 배색이미지 언어는 매력적인, 향기로운, 호화로운, 원숙한, 반들반들한, 장식적인 등이다.

8) 에스닉(ethnic)

에스닉은 '민족적인'의 뜻으로 주류문화에 비해 소수의 토착문화의 '이색적인' 또는 '이국적인' 분위기 연출을 말한다. 남태평양이나 아프리카의 원시적 이미지를 강조해 원색적이면서도 모더니즘의 인위적 이미지와는 다른 소박함과 자연친화적 이미지가 공존한다. 종교적이거나 토속적 문양으로 배색하는 경우가 있다. 색조는 vivid·strong·deep·dark의 고채도·저명도의 배색이다. 한색계열보다는 난색계열의 노랑·빨강·초록·자주·갈색 등이 주를 이룬다. 노랑, 빨강, 올리브 그린, 카키, 브라운, 인디고 블루 등의 색으로 주로 연출되지만 여러 가지 자연적인 원색이 강조색으로 사용될 수 있다. 배색이미지 언어는 토속적인, 이국적인, 원색적인, 야성적인, 튼튼한, 거친 등이다.

9) 매니시(mannish)

매니시는 '남성적인' 또는 '남성취향의'의 의미로, 여성성의 대표적 이미지인 '부드러움, 사랑스러움'과는 대조적인 '딱딱함, 견고함'의 이미지 연출을 말하는데, 수수함보다는 멋스러운 댄디(dandy)의 이미지에 가깝다. 색조는 deep·dark·dark grayish로 강하고 단단한 느낌이며, 색상은 엘레강스와 마찬가지로 절제되어 있으나 난색계열이 아닌 한색계열을 회색계통과 배색한다. 메탈릭한 소재나 은색을 강조색으로 사용할 수 있다. 배색이미지 언어는 단단한, 중후한, 강한, 딱딱한 등이다.

10) 다이나믹 액티브(dynamic Active)

다이나믹 액티브는 건강함과 역동적인 운동감이 모두 포함된 의미로 남성성 또는 남성취향의 매니시 배색과 닮아있으나 그보다는 젊고 활동적인 이미지의 대중트랜드를 말한다. 색조는 light·strong·vivid의 고명도와 고채도로, 삼원색을 기본으로 모든 종류의 색상을 이용할 수 있으며 하양·검정을 배색하여 주목성을 높이는 배색도 활용된다. 반대색상 배색, 강조효과나 분리효과 배색 등으로 강한 이미지 배색을 하며, 배색 공간비율에 큰 차이를 둔 동적인 무늬도 다이나믹 액티브 배색의 이미지를 강조할 수 있다. 배색이미지 언어는 활동적인, 대담한, 폭발적인, 역동적인, 강렬한, 열렬한 등이다.

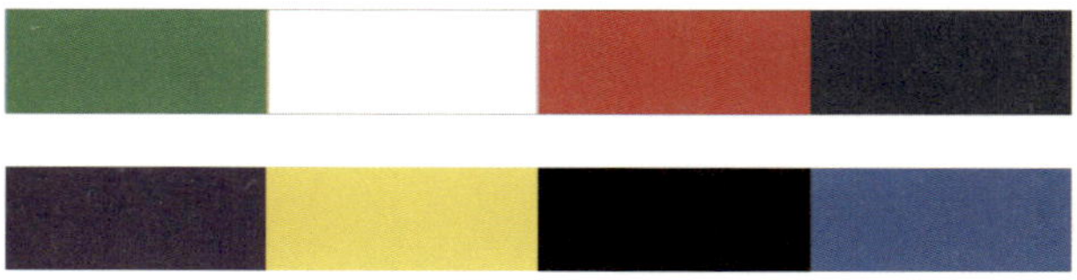

11) 캐주얼(casual)

캐주얼은 '격식 없는' 또는 '평상시의'라는 의미로 주로 대중적인 일상복에 활용되는 배색 개념이다. 얼핏 액티브와 비슷한 듯 하나, 보다 편안하고 자연스러움을 추구한다. 캐주얼의 톤이나 색상은 매우 자유롭다는 면에서 아방가르드와 유사하지만, 아방가르드가 돌출되는 무규칙이라면, 캐주얼은 뒤로 물러나 약간은 게으른 무규칙이라고 할 수 있다. 따라서 배색기법은 강조나 대비보다는 단일색상, 유사색상, 그러데이션 등을 활용한다. 배색이미지 언어는 활동적인, 편안한, 자유로운, 젊은 등이다.

12) 펑크(funk)

펑크는 음악용어인 '펑키(funky)'에서 파생된 것으로 '불량배' 또는 '애송이'를 뜻하는 속어이다. 1960년대와 70년대를 풍미하던 젊은이들의 관습에 얽매이지 않으며 감각적이고 반항적인 문화 전반의 태도를 일컫는다. 색조는 주로 deep·dark·dark grayish·blackish의 저명도·저채도이며, 색상은 특정 규칙이 없으나 검정이 기준색이 되어 강렬한 빨강이나 마젠타 등으로 주목성을 높여 배색하는 경우가 많다. 배색이미지 언어는 파격적인, 반항적인, 도발적인 등이다.

Art Nail

Gallery

Chapter 03

응용 네일아트

(basic nail design application)

이 장에서는 기존의 네일아트 기법 중 아트네일에 활용될 수 있는 기법들을 소개하려고 한다. 이 책에서 소개하는 아트네일은 예술성과 작품성을 추구하는 일종의 탈 장르적인 네일아트이며, 따라서 앞에서 소개한 다양한 재료와 소재 그리고 기법들이 응용될 수있다. 그러나 아트네일은 여전히 기존개념의 네일아트를 기반으로 하는 예술성을 갖는 네일작품이기에 전통적인 여러 네일아트 기법들은 아트네일에서 실험하고 재해석 되어 응용될 수 있다. 이 책에서는 아트네일 제작에 응용 가능한 몇몇기법을 소개하고자 한다.

1. 회화 기법 응용 네일
(apply painting technique)

타라시코미

◆ 작업순서

1. 베이스 젤을 바른 후 큐어링을 하고 꽃이 잘 보이게 하기 위해 베이스컬러를 화이트로 선택 한 후 꽃잎을 그려준다. 젤클렌저를 사용해 컬러를 연하게 연출시켜 준다.
2. 꽃잎과 꽃입 사이가 겹쳐지도록 그린 후 큐어링 한다.
3. 2단계와 마찬가지로 겹겹이 꽃잎을 쌓아서 그려준 후 큐어링 한다.
4. 나뭇잎을 그려줄 올리브 컬러로 꽃잎 그리는 방법과 동일하게 그려준후 젤클렌저로 컬러를 연하게 연출 시켜준다,
5. 꽃술을 찍을 브라운 컬러를 세필브러쉬에 묻혀 찍은 후 탑 젤을 발라 큐어링 하여 마무리 한다.

수채화 (장미)

◆ 작업순서

1. 베이스 젤을 바른 후 큐어링을 하고 장미가 잘 보이기 하기 위해 베이스컬러를 화이트로 선택 한 후 꽃잎을 그려준다. 수채화물감으로 겹겹이 꽃잎을 그려놓는다.
2. 두번째 장미 또한 1번과 동일한 방법으로 그려 놓는다.
3. 물을 이용해 세필브러쉬로 겉 라인을 퍼트려준다.
4. 수채화물감 올리브 컬러로 나뭇잎을 먼저 그려 준후 장미와 동일한 방법으로 물을 이용해 퍼트려 준다.
5. 탑 젤을 바른 후 큐어링 하여 마무리 한다.

데이지

◆ 작업순서

1. 베이스젤을 바르고 큐어링 한 후 베이지 폴리쉬 젤을 전체적으로 바른뒤 다시 한번 큐어링 한다.
2. 꽃잎이 들어가기 전 오벌 브러쉬를 사용해 나뭇잎을 그려준다.
3. 꽃잎을 나뭇잎과 동일한 방법으로 그려준다.
4. 세필브러쉬를 사용해 화이트 컬로로 꽃술을 찍어준다
5. 블랙 라인젤을 사용해 팁 전체 테두리를 감싸 그려주고 꽃술도 찍어준후 탑 젤을 바른 후 큐어링하여 마무리 한다.

도트

◆ 작업순서

1. 베이스 젤을 바른 후 큐어링을 하고 시럽핑크를 전체적으로 바른다.
2. 시럽핑크젤을 투코트 이상 진행 한다.
3. 6각 글리터로 바탕에 전체적으로 깔아준다.
4. 화이트 컬러로 도트를 찍어 꽃을 만들어 준다.
5. 금색 참을 이용해 꽃술 중간에 올려준후 큐어링 한다. 탑 젤을 바른 후 큐어링 하여 마무리 한다.

2. 스티커 응용 네일
(apply sticker technique)

워터데칼

◆ 작업순서

1. 블랙라인젤을 사용해 세필브러쉬로 사선라인을 그린 후 큐어링 한다.
2. 같은색상을 이용해 직선라인을 겹치게 그린 후 큐어링 한다.
3. 얇은 롱 세필브러쉬를 사용해 직선라인 옆에 얇은 라인을 그린 후 큐어링 한다.
4. 3단계와 동일한 방법으로 얇은 라인을 사선으로 겹치게 그린 후 큐어링 한다.
5. 사용할 워터데칼을 재단하여 물에 담궈둔 후 집게로 분리 하여 원하는 위치에 올려 준후 탑 젤을 바른 후 큐어링 한다.

라인테이프

◆ 작업순서

1. 베이지 폴리쉬젤을 세필브러쉬로 직선 라인으로 그어준다.
2. 굵은 핑크골드 라인테이프를 직선으로 부착한 뒤 재단해 준다.
3. 베이지라인 옆 얇은 핑크골드 라인테이프를 직선으로 부착한 뒤 재단해준다.
4. 얇은 핑크골드 라인테이프를 가로로 부착한 뒤 재단해준다.
5. 금색 볼참으로 포인트를 주기 위해 베이지라인 위에 올려준후 큐어링한다. 탑 젤을 바른 후 큐어링 하여 마무리 한다.

3. 인조보석 활용 네일
(apply sticker technique)

자개

◆ 작업순서

1. 베이스젤을 바르고 큐어링 한 후 스킨시럽 젤을 원콧 하고 큐어링 한다.
2. 스킨시럽 젤을 투코트 하고 큐어링 한다.
3. 시술하기전 재단 해놓았던 자개를 잘 부착 시키기 위해 베이스젤을 발라준 후 큐어하지 않은 상태에서 자개를 올려준 다음 큐어링 한다.
4. 자개를 조금 빈공간이 생기도록 올려준다.
5. 빈공간이 생긴 위치에 금박 호일을 재단하여 사이사이 채워준 후 탑 젤을 바른 후 큐어링 하여 마무리 한다.

드라이플라워 네일

◆ 작업순서

1. 베이스젤을 바르고 큐어링 한 후 스킨시럽 젤을 원콧 하고 큐어링 한다.
2. 옐로우 생화를 재단하여 정중간에 부착 한 후 큐어링한다.
3. 포인트로 들어갈 오렌지 컬러의 생화도 재단 하여 꽃다발처럼 풍성하게 부착 시켜 준다.
4. 금색 볼창을 이용해 꽃다발 밑부분에 부착 시켜 큐어링 한다.
5. 골드와이어를 원으로 재단 한 후 생화네일 테두리로 부착하고 큐어링 한다. 탑 젤을 바른 후 큐어링 하여 마무리 한다.

스톤아트

◆ 작업순서

1. 베이스젤을 바르고 큐어링 한 후 스톤을 올려도 빈틈이 보일수 있기 때문에 글리터가 섞인 젤을 원코트으로 바른 후 큐어링 한다.
2. 글리터 폴리쉬젤을 투코트 한다.
3. 파츠글루를 사용해 팁 가장 자리부터 부착시켜 준다.
4. 나머지부분도 파츠글루를 소량씩 묻혀 부착시켜 준 후 오버레이젤을 세필브러쉬에 묻혀 꼼꼼하게 감싸준다.
5. 미경화가 남지 않는 탑젤로 세필붓을 사용해 꼼꼼히 마감 해주며 큐어링 하고 마무리 한다.

4. 젤 네일아트 디자인
(Gel Nailart Design)

마블

◆ 작업순서

1. 마블을 하기전 팔레트에 3가지 색상을 겹쳐서 떨어트려준후 스퀘어브러쉬로 젤을 그대로 떠서 팁에 자연스럽게 브러쉬를 사선으로 눕혀 가며 발라준다.
2. 빈부분이 없도록 나머지 부분도 컬러젤을 떠서 발라준다.
3. 골드참을 이용해 사선으로 라인을 만들어준다.
4. 파츠글루를 소량 사용하여 파츠를 부착 시킨다.
5. 오버레이젤로 마감처리를 꼼꼼히 해주고 논탑을 사용해 큐어 해주면서 마무리 한다.

대리석 네일

◆ 작업순서

1. 베이스젤을 바르고 큐어링 한 후 스킨시럽 젤을 원코트 하고 큐어링 한다.
2. 핑크 컬러와 옐로우 컬러를 올려준 후 큐어링이 되지 않은 상태에서 오벌붓을 이용해 젤이 그라데이션이 되도록 면을 펴준 후 큐어링 한다.
3. 화이트 라인젤을 세필붓으로 대리석 느낌의 라인을 그려준후 큐어링 한다.
4. 포인트로 금박 글리터를 사용해 곳곳에 뿌려준 후 논탑으로 마무리한다.

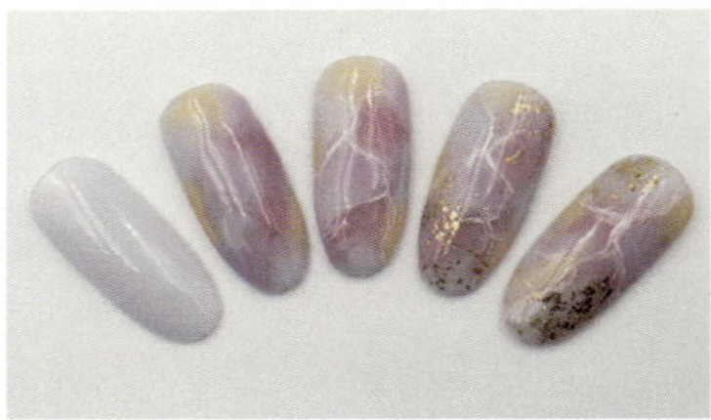

호피 네일

◆ 작업순서

1. 베이스젤을 바르고 큐어링 한 후 그린컬러 원코트 하고 큐어링 한다.
2. 그린컬러를 투코트 진행한 후 큐어링 한다.
3. 금박을 재단하여 팁위에 올려준후 큐어링 한다.
4. 블랙라인젤을 세필브러쉬에 묻혀 직선으로 내리면서 선을 긋고 금박을 감싸준다.
5. 빈부분에 블랙으로만 사용하여 작은 호피 문양을 그려준다. 탑젤을 사용하며 마무리한다.

물방울 네일

◆ 작업순서

1. 베이스젤을 바르고 큐어링 한 후 옐로우컬러를 한쪽에 바른후 큐어링 하지 않은 상태에서 브라운컬러도 반대편에서 바르면서 그라데이션을 표현한다.
2. 1단계와 동일하게 그라데이션이 좀 더 진하게 연출 할수 있도록 투코트로 진행한다.
3. 무광 탑젤을 바른후 남은 미경화를 젤클렌저로 사용해 닦아준다.
4. 오버레이 젤을 세필붓 끝쪽에 물방울형태로 맺히게 한뒤 그대로 팁에 원을 그리며 올려준다.
5. 물방울 올라간 부분만 유광 탑젤을 사용해 발라주고 큐어링 하며 마무리 해준다.

체크 네일

◆ 작업순서

1. 브라운폴리쉬젤을 바르고 큐어한 후 스킨시럽 컬러젤을 사용해 직선으로 그어준다.
2. 직선줄이 체크가 될수 있도록 두줄로 동일하게 그어준다.
3. 스킨시럽 컬러젤을 가로로 그어 준다.
4. 가로줄이 체크가 될수 있도록 두줄로 동일하게 그어준다.
5. 화이트 폴리시젤을 사용해 겹쳐진 체크 사이에 정사각형 모양으로 발라준후 큐어링 해준다. 탑젤을 사용하여 마무리 해준다.

금박 네일

◆ 작업순서

1. 베이스젤을 바르고 큐어링 한 후 금박이 더 부각 될수 있도록 컬러젤 보다는 시럽컬러를 원코트 해준다.
2. 6각글리터를 전체적으로 도포 해주고 큐어링 해준다.
3. 금박이 잘 부착될수 있도록 베이스젤을 얇게 도포 한 후 금박을 재단하여 부착 시키고 큐어링 해준다.
4. 화이트 라인젤을 사용해 사선 라인을 그려준다.
5. 4단계와 동일한 방법으로 화이트 라인젤을 사용해 기존 라인과 겹치도록 사선 라인을 그어준다.
6. 라인이 겹쳐진 부분에 골드 참을 붙혀 준후 탑젤을 사용해 마무리 해준다.

Art Nail

Gallery

Chapter 04

아트네일 디자인

(art-nail design)

아트네일 디자인 과정은, 네일기법을 응용하거나 디자인하여 네일보디나 유사 네일보디 등을 이용하여 만든 예술작품으로서 네일아트 작품을 퍼블리싱 목적으로 디자인 및 제작하는 전 과정을 포함하고 있다. 모든 예술창작 과정이 그러하듯이 창작의 모티브에서부터 창작의 완성까지 일관성을 부여하여 완성도 높은 작품의 제작이 이루어지기 위해서는 작품의 콘셉트를 수립하여 작품의 완성까지 일관성 있게 끌어가며, 작품의 시각적인 사전계획이라고 할 수 있는 디자인 스케치의 과정을 거치는 것이 실제 작품을 실수없이 제작하고 또한 질감이나 색채계획을 세우는 데에도 유리하다. 이러한 사전 과정을 통해 만들어진 작품은 또한 어떠한 방식으로 퍼블리싱 할 것인지에 대한 계획이 있어야 할 것이다. 아트네일에서는 특히 작품을 전시하거나 프레젠테이션하는 방식을 하나의 스토리로 엮어 내는 스토리텔링이 있는 작품을 만드는 것을 지향하고 있다. 이는 매우 세밀하고 좁은 면적의 네일아트 개념에서 벗어나 다양한 방식의 실험적인 네일 콘셉트와 스토리를 만들어 그 예술성을 높이는 계기가 될 것이다.

1. 아트네일 콘셉트

일반적인 네일디자이너들 역시 네일아트 디자인에서 팁 위에 바로 디자인하는 경우가 많다. 네일아트 특성상 디자인을 구현할 면적이 자연네일이나 연장네일등의 좁은 면적으로 제한되어 있다보니 네일아트 디자인은 특정 주제나 의도를 담기 위해 계획되기 보다는 상당히 즉흥적인 작업이 이루어져 왔었고, 네일아트디자인 작품의 구독자도 디자이너 외에 살롱을 찾은 고객으로 제한 적인 경우가 많았다. 아트네일 디자인에서는 네일아트 디자인과 달리 네일 디자인작품이 전시나 출간 또는 발표 등으로 보다 다양한 방식으로 작품으로 구현되며 디자인 공간 역시 팁이나 자연네일로만 국한되지않는다. 또한 전시나 발표의 특성에따라 특정주제가 요구되는 경우가 많으며 아트네일 작품의 구독자 또한 그 수가 많아지고 다양한 계층이나 연령등이 될 수있다. 따라서 아트네일 디자인은 그 시작부터 신중하게 주제를 정하여 일관된 콘셉트를 수립하며, 그러한 콘셉트의 스토리텔링을 따라 주제를 정확하고게 표현할 수 있는 기법과 소재가 연구되어야 한다는 점이 살롱네일아트와 다른 점이라 할 수 있다.

2. 아트네일 디자인

이를 위해서는 단순한 네일팁 디자인이 아니라, 아트네일 콘셉트가 전체적으로 잘 드러날 수 있도록, 콘셉트와 관련된 아이디어와 이미지를 자유롭게 그려보는 러프스켓치를 미리 해 보는 것이 콘셉트의 의도를 보다 잘 구현하는 데에 도움이 된다. 러프스켓치를 통해 구현하려는 디자인이 자신이 설정한 디자인 콘셉트에 맞는지, 전체적 디자인이 일관성이 있는지, 주제를 잘 드러내는지 등등의 시행착오를 미리 해보는 것이 결과적으로 콘셉트목적에 맞는 최종 디자인 스켓치를 얻어낼 수 있다. 작품주제와 콘셉트에 대한 자유로운 스켓치는 아트네일작품의 전체적인 의도를 드러낼 수 있는 전시방식 디자인 까지를 포함하는 것이 좋다. 구체적으로 말하자면 단순히 네일 팁 디자인 외에 네일팁 디자인의 스토리를 연결하여 구연할 '환경environment'으로서의 주변 구성요소의 장식성decoration을 구현하는 것이다.

아트네일 디자인의 스켓치와 완성작품 예시

디자인 스켓치는 다양한 방식으로 구현될 수 있다. 디자인 스켓치는 연필, 펜, 목탄 등의 다양한 종류의 드로잉 도구와 색연필, 마커, 수채안료, 유성안료 등 다양한 컬러링 도구가 활용되며, 특별히 일러스트레이션에 자신이 없는 경우는 여러 이미지를 오려 붙이거나 작품의 소재나 재료를 직접 붙이기도 하는 콜라쥬collage 기법을 활용하는 것도 좋다.

- 제목 'structure' 김보미 작
  - 세계의 다양한 건축물을 네일팁 위에 구현한 콘셉트로, 콜라쥬 방식을 활용하여 디자인스켓치를 완성하였다.

완성작품

디자인 스켓치

◆ 제목 '병풍화첩' 이채원 작

- 병풍이나 민화에 자주 등장하는 동식물을 주제로 하여 네일팁을 병풍처럼 표현하는 콘셉트로, 전시디자인 공간은 병풍이 세워진 한옥 방을 표현하였다. 색연필과 수채안료로 디자인 하였다.

완성작품

디자인 스케치

◆ 제목 '파라오의 기억' 송혜린 작

- 연필과 색연필을 이용한 디자인 스케치로, 주로 전체적인 콘셉트의 전시공간을 포괄적으로 디자인 하여 작품으로 구현하였고, 여기에 중심이 되는 네일팁에 주요 표현주제를 작품으로 배치하였다.

완성작품

디자인 스케치

◆ 제목 '해어화' 심홍이 작

- 펜과 색연필을 활용하여 매우 자유롭게 디자인 스케치를 하여 전체적인 중심 작품과 작품콘셉트가 드러나는 전시환경을 모두 디자인 하였다. 기생의 인물을 팁위에 작품으로 전시하며, 전시환경은 화려한 주가를 구현하였다.

완성작품

디자인 스케치

- 제목 '어둠은 빛을 이길 수 없다' 김고은 작
  - 세월호를 주제로 한 작품으로 작가는 디자인 할 네일팁의 구성을 스켓치 용지 위해 미리 그려 넣어서 각 팁의 위치에 따른 작품이미지 배치를 디자인 스켓치를 통해 계획할 수 있었다. 스켓치는 연필과 색연필을 이용하였다.

완성작품

디자인 스켓치

3. 아트네일 프레젠테이션

아트네일 프레젠테이션은 다양한 방법이 있다. 작품을 사진으로 찍어서 출간하는 방식, 작품 자체를 관객에게 직접 전시하는 방식, 뷰티 아트쇼 등을 통해서 네일 작품을 공연하는 방식, 비디오나 영상물로 촬영하여 발표하는 방식 등이 그것이다. 이러한 경우 프레젠테이션에 사용하는 각각의 매체(media)의 특성을 고려하여 스토리텔링을 하는 것이 좋다. 출간의 경우 사진매체를 이용하는 경우이므로 사진 촬영에 유리하게 스틸컷 스토리로 만드는 것이 좋고, 영상물이나 전시방식에서는 전시시간 전체를 고려하여 움직임이 있는 스토리텔링이나 전시방식의 변화 및 조명 등의 조건을 고려해야 한다. 뷰티 아트쇼 등을 통한 프레젠테이션의 경우 색채계획, 발표하는 아트네일 작품의 크기, 입체감 등 아트쇼 공연장의 특성에 따라 작품이 묻히거나 잘 보이지 않는 문제를 고려하여 과장 및 강조가 많은 스토리텔링이 필요하다. 이 책에서는 '아트네일 프레젠테이션' 개념의 초기적 시도들이 어떻게 다양하게 펼쳐질 수 있는 지, 5장의 아트네일 갤러리를 통해 소개하고자 한다.

Art Nail

Gallery

Chapter 05

아트네일 갤러리

(art-nail gallery)

이 장에서는 저자의 제자들이 창작한 다양한 아트네일 작품을 소개하고자 한다. 특정 주제를 가지고 네일팁에 디자인한 작품 및 전시환경(배경)과 함께 디자인한 작품들을 소개한다. 아트네일 갤러리는 일종의 실험적인 네일아트 작품전시회로 예술작품으로서의 네일관련 디자인을 소개하여 타 예술장르와의 공동작업(collavoration)의 가능성과 새로운 네일디자인 영역개척의 빅데이터의 제공의 장이라고 할 수 있다. 학생들의 작품이라 다소 미숙함이 있으나 앞으로 더 많은 작품을 연구하여 개정판을 통해 소개할 기회가 있기를 바란다.

1. 네일팁을 이용한 디자인 프레젠테이션

애니메이션 소재

피터팬

모아나

스머프

스펀지밥

미키

프랜차이즈 브랜드

스타벅스 텀블러

맥도널드

패스트푸드

전설 · 역사 · 문화

삐에로

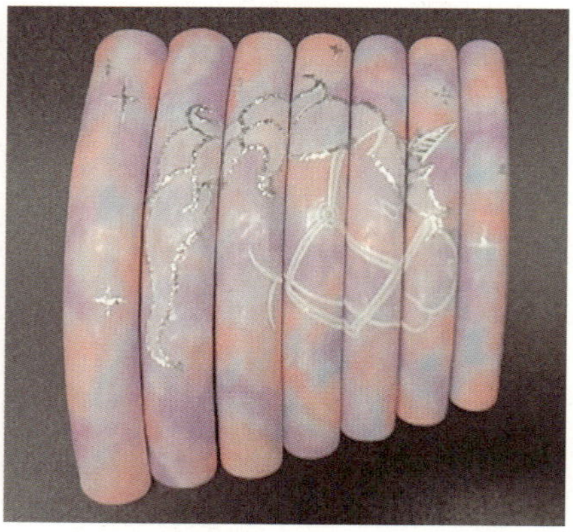

유니콘

반 고흐

르네상스

할로윈

King & Queen

자연 · 동식물

꽃과 나비

사슴의 정원

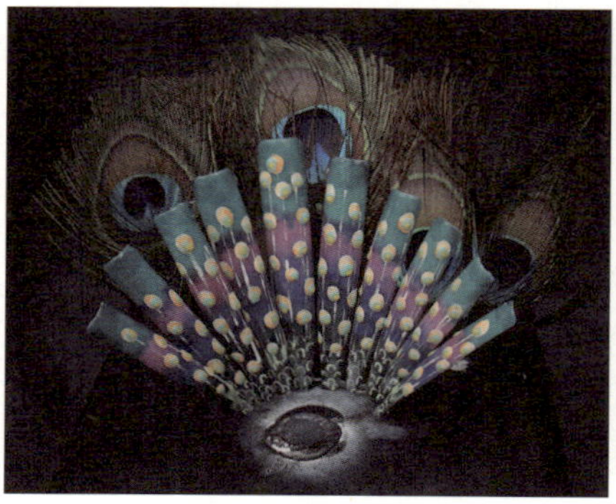

공작새

기린

꽃과 암석

장미

호랑이

기하학적 아트

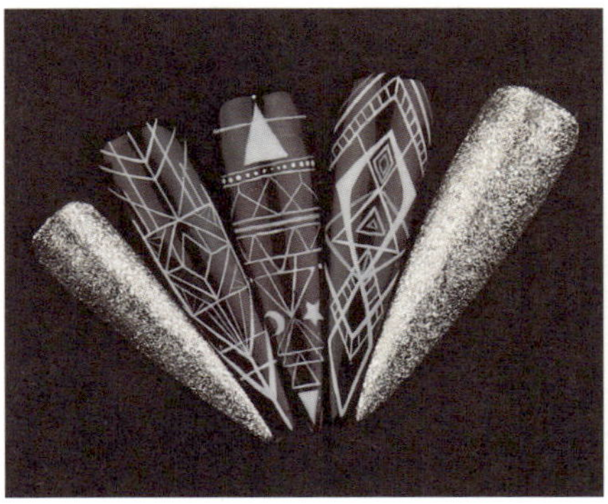

선과 면

오나맨트

선1

선2

기타

대관람차

회전목마

마법의 성

2. 자연네일과 신체(손)를 이용한 디자인 프레젠테이션

가면무도회
전수영 작

1월의 행차
정다혜 작

Art disney
김민지 작

Pandora's spring
황희진 작

귀여움을 판다
김채은 작

잭과 콩나무
김진희 작

동심
박다원 작

드래곤
최나예 작

병장들의 크리스마스

이채연 작

놀이공원

주슬아 작

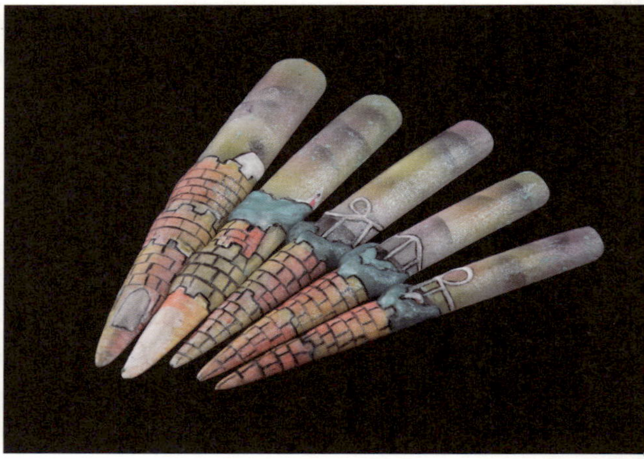

백조의 호수
이수진 작

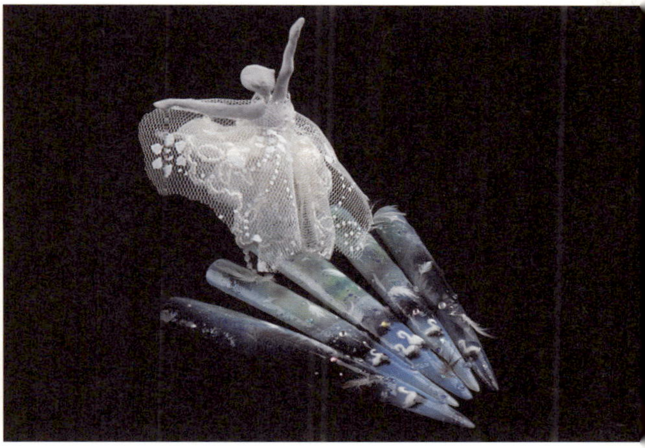

Sweet melody
이수연 작

내 머릿속의 Universe
석연지 작

뱀파이어
제소원 작

별들의 이야기
한지원 작

봄의 웨딩
전혜민 작

한복과 기모노
정유진 작

푸른 바다 속 전설
이수진 작

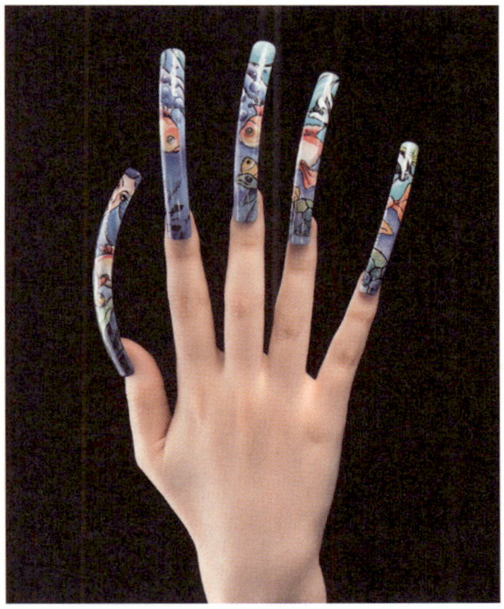

해적들
배지윤 작

3. 목각손을 이용한 디자인 프레젠테이션

베이스볼
강다빈 작

웨딩
박희진 작

유령선

하혜지 작

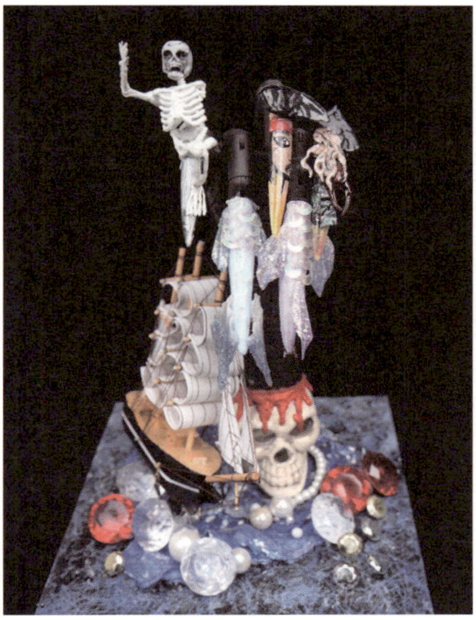

백설공주

김다연 작

인어공주
박연주 작

겨울왕국
정혜빈 작

파라오
박영은 작

스코트랜드
임현주 작

크리스마스 산타
주수연 작

4. 전시환경을 강조한 디자인 프레젠테이션

- 작품명 : 공존
- 송아람 작

작품의도

자연과 생명의 중요성을 전달하고자 평온을 상징하는 거북이를 소재로 선택했다. 함께 배치한 동백꽃은 기다림을 뜻하므로, 서로 공존하는 세상에서 서로를 해치지 않는 평온한 세상이 오길 기다린다는 의미를 전달하고 싶었다.

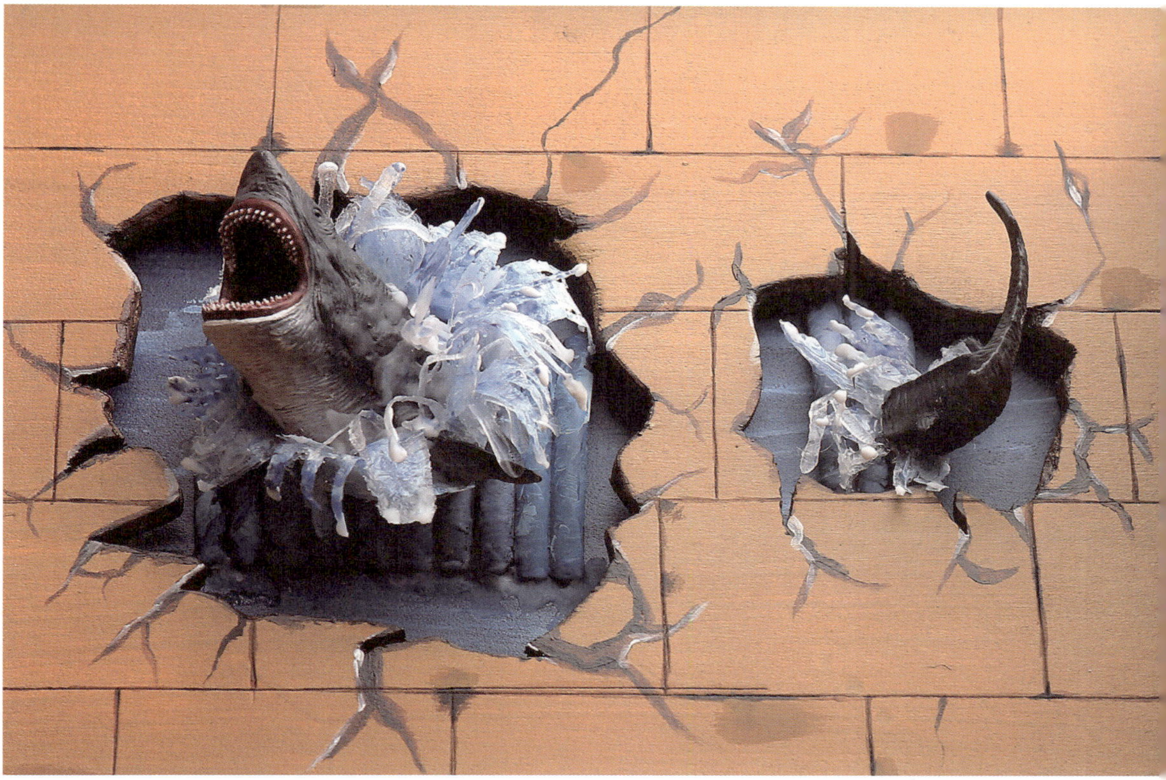

◆ 작품명 : 죠스 트릭아트
◆ 권민지 작

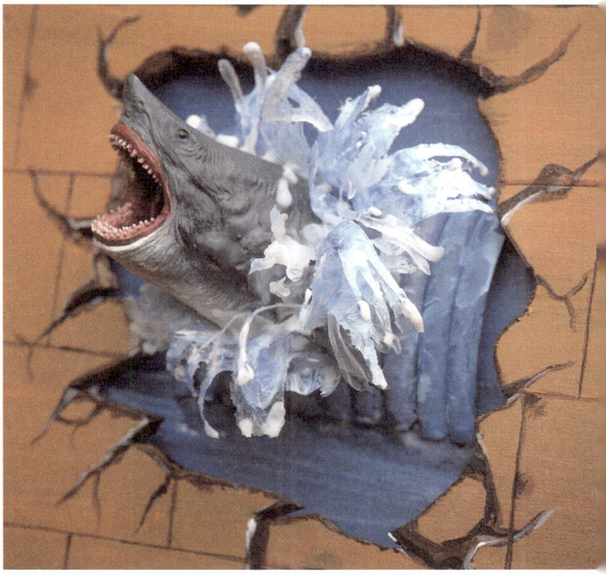

작품의도

빛의 반사와 굴절, 음영과 원근법 따위를 이용하여 그림을 입체적이고 실감나게 표현하는 크릭아트 기법을 죠스라는 주제로 표현하였다. 일반적으로 트릭아트는 평면그림이지만 작가의 경우 3D로 죠스를 구현하여 벽면에서 죠스가 튀어나오는 듯한 모습을 표현하였다.

◆ 작품명 : 어둠은 빛을 이길 수 없다.
◆ 김고은 작

작품의도

2014년 4월 16일. 인천을 출발해 제주로 향하던 여객선 '세월호'가 진도 인근 해상에서 침몰하면서 승객 476명 가운데 304명이 사망 · 실종된 대형 참사가 일어났다. 2019년 현재 사건 발생 후 5년이 지난 지금 아직까지도 5명의 미수습자가 있으며, 세월호 희생자 유가족들은 진상 규명을 촉구하는 추모행사를 하고있다. '우리는 아직 그들을 잊지 않았다'라는 걸 표현하고 싶었다. 시간이 오래 걸린다 하더라도 진실은 꼭 밝혀지기 마련이다. 단언컨대, '어둠은 절대 빛을 이길 수 없다'.

◆ 작품명 : structure
◆ 김보미 작

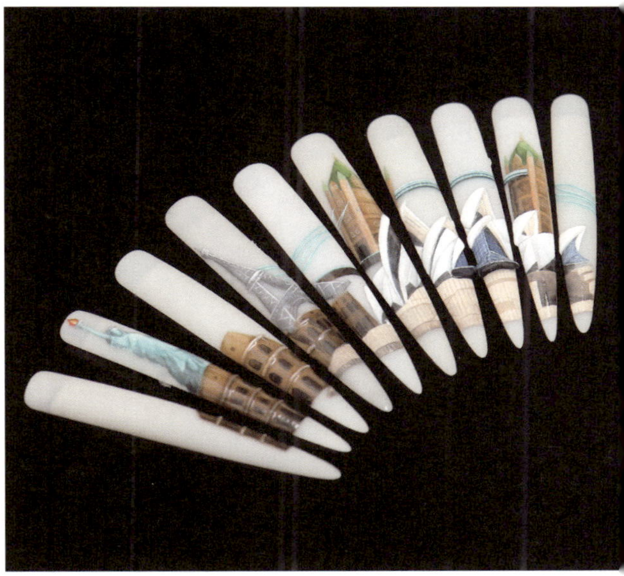

작품의도

유명 건축물인 파리의 에펠탑, 로마의 콜로세움, 시드니 오페라하우스, 런던의 타워브리지, 뉴욕 자유의 여신상을 자유롭게 콜라주해보았다. 아크릴물감을 주로 사용하여 회화기법으로 표현하고, 전체적으로 갈색과 검정을 기준색으로 사용하여 옛날 건축물의 무겁고 거친 느낌을 나타내 보았다.

◆ 작품명 : 라푼젤
◆ 사승은 작

작품의도

라푼젤이라는 동화를 소재로 하여 어린 시절의 동화같은 환상을 표현해 보았다.
목각손을 활용하여 디자인 된 네일팁을 높이 배치해서 성을 표현하였다.

◆ 작품명 : 파라오의 기억
◆ 송혜린 작

작품의도

이집트의 피라미드 안의 파라오를 배경으로 작품을 구상하였다. 전체적으로 베이지,황토색, 갈색을 주로 하여 이집트의 사막의 느낌을 살리고 상형문자나 파피루스 그리고 벽화 등의 모티브를 소재로 하였다.

◆ 작품명 : 해어화

◆ 심홍이 작

작품의도

'해어화'는 말을 알아듣는 꽃으로 기생을 뜻한다. 조선시대의 기생의 의복과 장신구 등 생활의 소재를 작품으로 표현하고 있다. 여성의 아름다움과 동시에 황진이를 대표하는 빨간색과 기생의 화려함을 작품에 드러내려고 하였다. 강렬한 빨간색을 중심적으로 표현하고 전체적인 배경색을 어두운 갈색으로 고급스러운 분위기를 표현하였다.

- 작품명 : 1919.03.01
- 안소연 작

작품의도

1919년 학생들을 비롯해 약 200만 명이 참여하였으며 한국의 독립의지를 보여준 3 · 1운동을 주제로 하여 네일아트 작품을 만들어보고 싶었다. 어린 나이에도 불구하고 시위대 선두에 서서 독립만세를 외친 유관순의 뒷모습을 '영원히 피고 또 피어서 지지 않는다는 뜻'을 가진 무궁화를 함께 작품 위에 구현해서 그녀가 우리 국민들의 마음에 무궁함을 표현하고 싶었다.

◆ 작품명 : 박터진 흥부씨
◆ 이유선 작

작품의도

누구나 한번쯤 읽었던 '흥부놀부'를 주제로 아기자기한 작품을 만들고 싶었다. 먼저 전체적으로 연두색을 주조색으로 보조색으로 초록색과 갈색 등으로 유사색상 배색을 활용하였다. 스티로폼 공을 활용하여 아크릴 물감, 파츠 등 이용해 박을 표현했다.

◆ 작품명 : 소녀의 눈물
◆ 이지영 작

작품의도

위안부와 소녀상을 주제를 네일아트로 다시 상기시키고 싶었다. 전체적으로 어두운 분위기 색채계획을 잡았다. 아크릴릭으로 소녀상의 토대를 만들고, 실제 동상처럼 보이기 위해 브론즈 미러파우더를 사용하였다. 사람들이 소녀상 옆에 꽃을 놓고 가거나 모자와 목도리를 씌워주고 갔던 마음도 작품에서 함께 표현하였다.

- 작품명 : 병풍화첩
- 이채원 작

작품의도

전통 민화에 자주 등장하는 영물을 주제로 하였다. 민화가 들어간 병풍에 네일팁을 붙이고 이를 옛 한옥의 방을 배경으로 하여 전시했다. 각 민화마다 '프로트랜스' 기법을 사용하여 밑그림 작업을 한 후 채색 및 2D 작업을 하여 조금 더 입체적으로 민화캐릭터를 완성하였다. 맨 오른쪽 마지막 병풍에는 "약롱지물(약롱 속의 약품이라는 뜻으로, 꼭 필요한 사람을 이르는 말)"이라는 고사성어를 적어 보았다

◆ 작품명 : 이상한 나라의 앨리스
◆ 장혜원 작

작품의도

동화 속 '이상한 나라의 앨리스'의 신비한 느낌을 작품으로 표현하고 싶었다. 아크릴 파우더를 사용 팁 위에 각각의 동화 속 캐릭터를 표현하고, 이를 책 위에 올려 동화책 캐릭터라는 느낌이 드러나도록 전시했다.

◆ 작품명 : 삐에로
◆ 정지연 작

작품의도

서커스의 삐에로를 주제로 작품을 만들었다. 작품의 주조색은 레드이며, 팁을 통해서는 캐릭터를 그리고 배경으로는 서커스 천막 안의 모습을 구현해 보았다.

◆ 작품명 : 고대 로마 전쟁
◆ 최유리 작

작품의도

고대 로마 전쟁을 소재로 한 '로마전쟁'이라는 영화를 모티브로 작품을 구상하여 보았다. 왕관 쓴 여왕과, 갑옷과 투구를 쓴 남자 등 영화 속 캐릭터를 네일 팁 작품으로 구현하고, 배경에 모래를 바닥에 깔고 신전 모형 디오라마를 아크릴물감으로 채색하여 웅장한 느낌을 살려 전시작품을 구성하였다

◆ 작품명 : 클림트 전시회
◆ 황지현 작

작품의도

구스타프 클림트의 작품 "키스"를 중심으로 그의 작품을 전시하는 전시장을 구현하였다. 클림트의 작품에 주로 사용 된, 금색을 기준색으로 사용하여 표현하고, 배경으로 클림트의 전시회에 온 듯한 느낌을 표현하기 위해 이젤과 클림트의 다른 작품들도 전시된 전시장을 표현했다.